AF266893

D'ALGER A TUNIS

AVRIL 1884 — AVRIL 1885

.... Plus oultre !

PAR

A. L. LEROY

Professeur au Lycée, Membre du Club Alpin

ALGER

ADOLPHE JOURDAN, LIBRAIRE-ÉDITEUR

IMPRIMEUR-LIBRAIRE DE L'ACADÉMIE

1886

OUVRAGES DU MÊME AUTEUR

La France africaine, 1880, in-16, 100 p., chez Martin-Vatin, Reims. **1 fr.**

Géographie de la Marne, in-12, 176 p., 6 cartes et 4 gravures, chez Martin-Vatin, Reims, 1881. **1 fr. 20**

Les Français à Madagascar, 1884-85, vol. in-16, de 300 p., avec une grande carte nouvelle, par A. Leroy, professeur agrégé, chez Delagrave, à Paris. **3 fr. 50**

EN PRÉPARATION :

Relief de la Marne, par MM. Leclercq, ancien élève du Muséum, et Leroy, professeur agrégé. — Pour les particuliers, **100 fr.** ; pour les écoles, **50 fr.**
On peut s'inscrire chez MM. Delagrave, Martin et Leroy.

Carte murale de l'Algérie, *de la Tunisie et d'une partie du Maroc,* 1ᵐ 60 sur 1ᵐ 30. Jourdan, Alger.

D'ALGER A TUNIS

AVRIL 1884 — AVRIL 1885

.... Plus oultre !

PAR

A. L. LEROY

Professeur au Lycée, Membre du Club Alpin

ALGER

ADOLPHE JOURDAN, LIBRAIRE-ÉDITEUR

IMPRIMEUR-LIBRAIRE DE L'ACADÉMIE

—

1886

INDEX

D'ALGER A TUNIS

AVRIL 1884-AVRIL 1885

Alger, avec ses annexes, a aujourd'hui 93,131 habitants (1).

Le croît annuel est d'environ 2,000 personnes. Alger serait donc bientôt une très grande ville si ses inutiles remparts tombaient pour faire place à des quartiers nouveaux, à des villas nombreuses qui le soudraient rapidement à son immense banlieue et à ses faubourgs sans fin : Bab-el-Oued et Saint-Eugène au Nord, l'Agha, Isly et Mustapha au Sud.

---

(1) Le chiffre de 93,131 habitants est celui du recensement de 1881. Il y a donc lieu de croire que la population dépasse aujourd'hui 100,000 habitants. En voici d'ailleurs une preuve indirecte assez bonne.

En quatre ans, le nombre des électeurs politiques s'est accru de 8,586 pour toute l'Algérie, se décomposant ainsi :

	1881	1884	1885
Province d'Alger............	19.347	20.499	22.051
» d'Oran...............	16.205	17.747	18.660
» de Constantine......	14.051	16.275	17.478
Total.....	49.603	54.521	58.189

Le gain a donc été de 2,704 pour le département d'Alger entre 1881 et 1885, et de 1,552 du 31 mars 1884 au 31 mars 1885. — De 1882 à 1884, l'excédant des naissances sur les décès a été de 10,717 (naissances, 50,731 ; décès, 40,014). — En 1850, la population euro-

En attendant, Alger n'en est pas moins une ville très originale. C'est certainement avec Paris, la ville française la plus pittoresque, la moins banale — et, dans le bon sens du mot, l'une des plus aimables — les Algériens ayant eu la sage précaution de laisser au delà du grand fossé la pose, l'étiquette, la routine, la crainte du nouveau, mille préjugés enfin, que l'on prise si fort ailleurs et qui rapetissent l'homme.

Tout n'est point parfait en Algérie. Mais n'est-ce rien que cette franchise parfois un peu rude, que cette générosité si souvent en éveil, que cette hospitalité cordiale toujours agissante offerte par le moindre colon dans les coins les plus reculés des trois provinces, que cette ardeur indomptable, héroïque à lutter contre la terre, contre la fièvre, contre mille autres difficultés qu'il faut vaincre tous les jours ? N'est-ce rien enfin que cette foi intrépide dans l'avenir de son pays, que ce besoin, jamais assez satisfait, de le faire connaître à l'étranger, au passant, au nouvel arrivant ?

Ce sont là des vertus si rares, et pourtant si françaises jadis, qu'elles suffisent à voiler quelques gros défauts dont le temps débarrassera bien vite Alger et les Algériens. Le métal en fusion ne rejette-t-il pas ses scories avant de se solidifier en acier souple et fort, avant de mouler en bronze pur une jeune et fière statue ?

Alger est toujours beau, toujours merveilleux à voir.

---

péenne était de 125,963 ; en 1880, de 344,749 ; en 1883, de 412,435 personnes. Le croît est, on le voit, assez rapide.

Les remparts d'Alger, avec leurs dépendances, couvrent une superficie de 150 hectares ; la moitié au moins de ces terrains pourraient être livrés aux constructeurs. A raison de 20 fr. le mètre carré, prix dérisoire (car la moyenne serait de 50 fr. au minimum), on obtiendrait 15,000,000 de fr., somme suffisante pour la construction de trois grands forts qui défendraient efficacement Alger contre une flotte ennemie ou une armée de débarquement, seuls dangers qui menacent sérieusement la capitale de l'Algérie. Les remparts actuels, inutiles contre les Arabes, qu'un simple mur peut arrêter, ne tiendraient pas deux heures contre l'artillerie européenne.

Il a ses blanches maisons, sa population active et bario-
lée, son port animé (1), sa mer bleue, ses coteaux éter-
nellement verts, enfin l'horizon grandiose du Djurjura.
C'est un des plus beaux sites du monde.

Mais il paraît d'un aspect particulièrement saisissant
à trois moments très précis et très fréquents :

1° Le *matin, au lever du soleil.* — Point d'observation :
le pont du courrier arrivant de France, ou le bout de la
jetée ;

2° Le *soir, entre dix heures et minuit par un beau*

---

(1). Le port d'Alger a 90 hectares de superficie. Il est à la fois port
de commerce et port de guerre. Il sera prochainement agrandi de
toute la rade de Mustapha. Il est uni à la France par un câble télé-
graphique sous-marin. Six courriers le mettent chaque semaine en
relation avec Marseille, Cette et Port-Vendres. Un service hebdo-
madaire a lieu avec le Hâvre, Dunkerque, Anvers, Rotterdam et
Londres. Une ligne anglaise y fait escale. — La valeur des échanges
représente presque la moitié des affaires entre la métropole et la
colonie tout entière.

		1882		1883		1884	
		ENTRÉES	SORTIES	ENTRÉES	SORTIES	ENTRÉES	SORTIES
Nombre de navires	Navigation..	644	630	1.019	1.084	942	873
	Cabotage ...	»	»	460	483	450	433
TOTAL....		644	630	1.479	1.567	1.392	1.306
Tonnage des marchandises		202.356	91.254	207.955	72.693	213.446	90.405
		15.430	18.137	14.882	19.103	12.146	18.883
		217.786	109.391	222.837	91.796	225.592	109.288
TONNES....		327.177		314.633		334.880	

En 1881, la valeur totale du commerce d'Alger a été de 154 millions 758,000 fr., dont 113,905,000 fr. pour l'importation et 40 millions 853,000 fr. pour l'exportation. — Le commerce général de l'Algérie a atteint 465,708,780 fr. en 1884 ; l'importation s'est élevée à
289,810,000 fr., — l'exportation à 175,897,000 fr. - La métropole
entre pour les 3/4 dans les importations, pour 66,23 % dans les
exportations.

clair de lune. — Observatoires : angle des vieilles rues de la Kasbah, — haut de l'escalier de la rampe Vallée ;

3° Enfin, par une *nuit noire,* entre neuf heures et minuit encore, mais du pont du bateau partant pour la côte Est.

Vous arrivez de France ? — Sortez de votre cabine vers 4 ou 5 heures, suivant la saison ; montez sur le pont, et attendez les premiers rayons du jour. Vous éprouverez alors une sensation délicieuse, — délicieuse pour les yeux surtout, — à voir émerger, non pas des ténèbres, mais d'une sorte de pénombre, le Fort-l'Empereur, les hauteurs de Mustapha avec leurs villas aux toits rouges, grenades en fleurs semées sur ces collines, enfin Alger.

Tout est gris d'abord, indistinct, puis pâle, puis rose, vert, blanc, éblouissant, aveuglant. Fermez les yeux ; l'implacable lumière va pendant 12 heures inonder les moindres recoins de la ville et leur donner une teinte uniforme.

Vous partez le mardi soir pour Bougie, Bône ou Tunis ? — Restez, je vous prie, si la nuit est sombre, sur le pont du paquebot. Vous aurez, sous les yeux, un plan fantastique de la ville d'Alger, plan dessiné par des lignes et des points lumineux. Au niveau de la mer on dirait une voie lactée, une coulée d'argent ; au-dessus, un monde d'étoiles, jaunes, bleues, rouges, groupées d'étrange façon et piquant de flammes étincelantes un vaste écran noir.

Au fur et à mesure que s'éloigne le vapeur, vous verrez s'éteindre ces étoiles une à une ou par masses, diminuer d'intensité la nappe de feux des boulevards, et bientôt du cap Matifou vous n'apercevrez qu'une lointaine nébuleuse. — Le cap doublé, la toile tombe.

Ainsi de la vie : lumières ardentes et confuses dans la jeunesse, flammes fixes dans l'âge viril, lueurs vacillantes et incertaines dans la vieillesse; au delà du tombeau, la nuit, les ténèbres.

*
* *

Quand la lune brille, le charme des nuits algériennes est incomparable. Or, l'astre au front d'argent se cache rarement chez nous.

« Les ombres transparentes, dit Fromentin, semblent
» craindre de cacher le beau ciel de l'Algérie... Ce n'é-
» tait point des ténèbres, c'était seulement l'absence du
» jour... L'air était doux comme le lait et le miel, et l'on
» sentait à le respirer un charme inexprimable.
» ... Depuis l'horizon jusqu'au zénith, c'est le même
» scintillement partout et comme une sorte de phospho-
» rescence confuse. Il n'y a dans l'air immobile ni mou-
» vement, ni bruit, mais je ne sais quel mouvement
» indéfinissable qui vient du ciel, et qu'on dirait produit
» par les palpitations des étoiles. »

En effet, la lumière de la lune et des étoiles révèle, avec une netteté extraordinaire, les moindres détails du paysage. Le pauvre Regnault, tué à Buzenval, disait avoir été opéré de la cataracte par la lumière d'Afrique. On ne peut mieux exprimer l'effet éblouissant, enchanteur qu'elle produit sur nous.

On comprend bien vite que les Arabes aient fait du Croissant leur symbole religieux. La lune guide leurs caravanes arrêtées par la brutale chaleur du soleil; elle semble rafraîchir leurs nuits; elle donne alors un aspect féerique à leur nature si triste et si nue pendant tout le jour. Comme de blancs fantômes, comme des ombres fugitives, ils disparaissent rapidement, ils glissent dans la brume argentée.

Qui pourrait comprendre l'Orient et ses contes des *Mille et une Nuits* sans avoir vu, sans avoir goûté la splendeur de ses nuits; sans avoir entendu le somnolent fla-fla des jets d'eau sous les orangers et les oliviers endormis ?

Qui n'a point erré, la nuit, dans les grandes forêts

> « Qu'emplit la rêverie immense de la lune...
> » Sous les arbres bleuis par *sa clarté* sereine, »

ou dans les plaines enneigées du Nord ; qui n'a point senti la douceur calme, mélancolique souvent, des nuits orientales, ne comprend rien à l'apparition des blanches fées, si vaporeuses, si impalpables ; rien aux courses nocturnes et solitaires de la chaste Diane allant éveiller Endymion ; rien aux mystères sacrés d'Isis, de la bonne, féconde, grande, sainte Isis des Égyptiens.

A Alger, je l'ai senti bien des fois ce charme pénétrant et doux de la rêverie au clair de la lune. Je l'ai éprouvé plus vivement encore sur le pont du navire en longeant les côtes de la Kabylie. Le bateau semblait immobile sur une mer d'huile, tandis que la lune paraissait livrée à une course vertigineuse. Il n'était pas jusqu'au léger tangage produit par l'hélice qui n'ajoutât à l'illusion et ne fît croire que le « char de la lune » roulait réellement sur le chemin inégal tracé par le sommet des monts. De grands pans d'ombre, des champs d'une lumière ruisselante formaient le fond d'un admirable tableau. Je l'ai goûté délicieusement à Batna, obligé que je fus de passer toute une nuit à la belle étoile. La superbe pyramide du djebel Touggour (2,086^m) à l'ouest de la ville, et les grands cèdres qui la couvrent, étaient ceints d'une auréole ravissante, pâle, bleue tendre, or fondu.

Près de moi,

> Sur un *minaret* jauni
> Comme un point sur un I,

une cigogne, oiseau fidèle, semblait adresser silencieusement ses pieuses invocations à la blonde Phœbée, ennemie des brigands de l'air et de la terre, protectrice de son nid et de ses chers petits.

Ceux qui ont admiré la froide et subtile clarté des nuits septentrionales, ceux qui ont savouré le charme de la lumière tiède et presque palpable des nuits algériennes donneront peut être la préférence à ces dernières, mais conviendront certainement que la nuit est souvent en beautés bien supérieure au jour. Les *nocturnes* en musique, les *nuits* en poésie le disent assez éloquemment.

*
* *

Entre 5 et 6 heures du matin on double d'abord l'énorme éperon du cap Carbon tombant à pic sur la mer, puis le cap Bouak, formant une arche naturelle sous laquelle peuvent passer des barques de pêcheurs. Un phare de premier ordre est perché au-dessus à une grande hauteur. On vire brusquement au Sud. A droite, au pied du rocher, se trouve l'aiguade de Sidi-Yaya, abondante et excellente. On contourne un dernier petit cap et on entre au port de *Bougie* (1).

---

(1) Bougie a 5,086 habitants, 10,890 avec la banlieue. Le tableau ci-joint indique le nombre des navires entrés et sortis et la quantité des marchandises importées ou exportées en 1883 et 1884 :

	NAVIRES		MARCHANDISES		
	Entrés	Sortis	Reçues	Expédiées	Total
1883....	429	424	6.836	14.824	21.660 tonnes.
1884....	362	371	9.226	8.615	17.841 »

Le chemin de fer qui raccordera bientôt Bougie à Beni-Mansour, va donner à son commerce un essor rapide. L'Est-Algérien aura sa tête de ligne à Bougie. La compagnie des *Chargeurs réunis* y établira, par suite de ce fait, une attache en concurrence aux Touaches et aux Transatlantiques.

Les huiles de la Kabylie vont en partie à Bougie. — La récolte des olives en Algérie a été, en 1883, de 20.595,708 kilog. qui ont donné 464,148 hectolitres d'huile ; 1884 n'a produit que 17,329,054 kilog. et 343,206 hectolitres d'huile. — Le nombre des moulins était, au 31 décembre 1884, de 4,591. — Si tous les oliviers étaient greffés, la production annuelle dépasserait 10 millions d'hectolitres.

Tout est frais, tout est coquet, tout est beau. C'est *bijou* qu'il faudrait dire.

La ville est adossée aux mamelons à pentes raides qui étayent au S.-E. la base de la *Gouraya* (montagne). Aussi les maisons sont-elles comme étagées les unes au-dessus des autres; la route qui va du port au quartier haut est tout en zigzags. Les rues sont propres. Partout l'eau coule en abondance. Beaucoup de maisons sont dispersées dans des massifs d'orangers, de grenadiers, de figuiers de Barbarie, ou encore d'oliviers vigoureux et très gros.

On est immédiatement frappé à Bougie par le nombre extraordinaire des indigènes affectés de maladies d'yeux. Elles sont dues à plusieurs causes : la malpropreté d'abord ; la vivacité de la lumière ensuite ; puis aux poussières brûlantes et impalpables qu'apporte le siroco ; enfin à l'habitude qu'ont tous les indigènes de coucher à la belle étoile, la tête souvent découverte ce qui détermine fréquemment la goutte sereine. De là tant de borgnes, tant d'aveugles chez les Arabes et chez les Espagnols, leurs semi-congénères.

Une *école indigène pour les filles* a été créée à Bougie ; elle est très fréquentée. Les pères de famille tiennent à ce qu'elle soit propre, saine, bien tenue. « Je te donne » ma fille pour qu'elle apprenne quelque chose, mais non » pour qu'elle devienne malade chez toi, » disait l'un d'eux, en faisant remarquer à qui de droit l'humidité du local.

Le marché aux *huiles* est le premier de l'Algérie. Il est en dehors des murs, au sud de la ville, proche l'endroit où sera sise la gare de la ligne Bougie, Beni-Mansour.

On a vu y livrer jusque 100,000 litres d'huile par jour. Les huiles de Kabylie sont expédiées en Provence pour y être raffinées.

Je conseille aux touristes de faire l'ascension de la *Gouraya* (704 ^{m}.). Il faut 2 à 3 heures à la montée ; c'est un peu rude, mais très facile et sans danger. La vue sur l'énorme entassement des *Babors*, couverts de neige, sur *Touldja* au printemps perpétuel, aux oranges sans rivales, aux sources fraîches et intarissables, — puis sur la rade, sur la mer, sur Djijelli qui se détache en blanc dans le bleu pâle de l'horizon, dédommagera les voyageurs de leurs fatigues. La descente se fait en 1 heure, avec arrêt facultatif au pénitencier militaire, où l'on peut boire une eau d'une exquise fraîcheur, et admirer de nombreux arbres européens de très belle venue.

On peut encore aller par un chemin tout bordé d'oliviers superbes au fortin nord du cap Bouak. On surplombe absolument la mer en cet endroit. Le simple jet d'une pierre dans la mer permettra de calculer assez exactement la hauteur du pic.

Si le siroco souffle, ou que le temps soit orageux, les voyageurs qui prennent, à 8 heures du soir, le vapeur revenant vers Alger, ne doivent pas négliger, à la sortie du port de Bougie, de courir à l'arrière. Ils y observeront des phénomènes de phosphorescence aussi beaux, aussi intenses que ceux des régions tropicales, et certainement plus sensibles que dans aucune des mers de l'Europe.

Une longue traînée lumineuse marque le sillage du navire, et l'on voit surgir, dans les puissants remous produits par le mouvement de l'hélice, des gerbes d'étincelles. On dirait qu'un écrin invisible et monstrueux envoie du fond des eaux des millions de ses feux mourir à la surface agitée.

C'est beau, très beau.

*
* *

Pour les touristes qui vont vers Constantine, ils doivent prendre la voiture de Sétif. Départ à 2 heures du matin ; arrivée à 5 heures du soir. Il y a bien des voitures à volonté, mais elles coûtent 100 à 120 fr. Il vaut mieux, pour 12 fr., grimper simplement au cabriolet de la diligence, d'où l'on peut voir à peu près tout ce qu'il y a d'intéressant le long du chemin.

La voiture contourne, avec la route, la courbe si régulière tracée par la rade de Bougie. On suit constamment la mer jusqu'au cap *Arokas*, et jusqu'à l'embouchure de l'*Agrioun*. On traverse de superbes forêts de peupliers blancs, de chênes verts, zéens, lièges, de charmes, de frênes énormes, d'oliviers, entremêlés de lentisques, de lauriers-roses, de myrtes, de vignes sauvages, etc. C'est en grand, ce que l'on trouve en petit entre Marengo et Tipaza.

Quelquefois des panthères traversent la route en effrayant les chevaux. Mais ce qu'on voit le plus, ce sont des Kabyles (1) qui se promènent lentement en fumant leur cigarette à cette heure matinale. Quelques-uns vous disent bonjour ; d'autres, c'est le plus grand nombre, ne disent rien.

La route est bonne.

---

(1) La Grande Kabylie a une superficie de 5,500 kil. c., soit à peu près celle d'un département français ; la population était en 1881 de 467,000 individus ; elle doit être aujourd'hui de 500,000. La densité est donc de 90 habitants au kilom. carré. Celle de la France n'est que de 69. Les villages kabyles sont souvent perchés sur des pics presque inaccessibles. Les Kabyles sont industrieux et très travailleurs ; ils ne laissent chez eux aucune parcelle de terre en friche. Ils émigrent au temps de la moisson ou de la vendange, et viennent se louer chez les colons de la plaine ou des plateaux. Beaucoup d'entre eux savent le français. Ils demandent volontiers des écoles et des routes. Le sentiment de la justice et de l'égalité est assez fortement développé en eux. « Je fais le travail d'un Européen, paie moi comme lui, » disent-ils. Mustapha, adjoint d'une grosse commune mixte, ancien officier de tirailleurs, me disait un jour : « Je » commandais en Kabylie une escouade de soldats occupés à construire une route. Quelques jeunes oliviers ayant été abattus sur le » bord du chemin, le propriétaire vint réclamer une indemnité de cinq » francs. L'officier français présent les lui fit donner sur le champ. » Le Kabyle étonné et calmé dit : « Si nous avions su à l'avance » que tous étaient aussi justes que celui-ci, nous nous serions sou-» mis avant que les Français fussent débarqués. »

Les chevaux sont changés une première fois au relai du cap Casse (Arokas); ils le seront encore à Kerrata, puis à Amoura. Entre-temps les voyageurs prennent un tue-ver; et fouette, cocher!

La route suit d'abord la rive gauche de l'Agrioun. On remonte une gorge qui va toujours se resserrant. Les flancs de la montagne sont admirablement boisés; aussi le torrent roule un assez joli volume d'eau, bien claire.

Un brouillard léger drape la forêt, mouille les arbres, perle les feuilles naissantes. Les oiseaux gazouillent ou grésillent à peine; ils admirent sans doute ces diamants aériens qui en tombant trempent et alourdissent leurs ailes.

Au delà du poste de la *Pépinière*, la montée devient raide; et, à travers de magnifiques coupes de chênes-lièges, on gagne le *bordj du Caïd* et l'entrée du *Chabet-el-Akra*, « Porte de l'Éternité, » ou encore « Défilé de l'Agonie. »

Pendant 7 à 8 kilomètres (tout touriste qui se respecte doit les faire à pied), la route est taillée dans le roc vif. Elle surplombe de 100 à 200 mètres l'Agrioun, d'un gris sale ou d'un brun lessive. Les eaux se tordent, se brisent, tombent en cascade, s'engouffrent dans des cata-vothres accidentels et éphémères.

Les flancs de l'énorme cassure dominent la route, et presque à pic, de 1,200 à 1,500 mètres. (Le *Takintouch*, à l'Ouest, a 1,674 mètres; le *Grand Babor*, à l'Est, en a 1,990.) Le vent balaie le brouillard qui nous a suivis; des échappées de soleil illuminent l'effroyable crevasse. Des pigeons aux ailes, à la gorge d'un bleu azuré voltigent autour de nous, puis se réfugient dans des grottes naturelles.

Quelques-unes de ces masses rocheuses ressemblent à des tours de cathédrales gothiques. Une teinte gris-foncé ou des mousses noirâtres recouvrent la roche. Des arbres rabougris, tombant de vétusté, poussent dans les anfractuosités.

Quelques filets d'eau glissent sur les parois lisses des pics, en déroulant derrière eux une longue écharpe d'un blanc laiteux.

Des voûtes en maçonnerie de 3 à 4 mètres d'épaisseur défendent, en quelques endroits dangereux, la route contre les éboulements ou les avalanches de pierres et de neige. Des rochers, qui se sont détachés deux jours avant notre passage, ont broyé à poussière une partie de la voûte et du parapet. On ne passe, d'ailleurs, que pendant le jour; la circulation est interdite la nuit par crainte des éboulements ou de mauvaises rencontres.

Sur un large quartier de roche, couché sur la rive gauche de l'Agrioun, à 150 mètres au-dessous de la route, on voit une inscription noire sur fond blanc. Avec la date du passage, elle indique le nom des officiers et sous-officiers, français ou indigènes, qui, les premiers, ont osé remonter le lit même du torrent, le Chabet-el-Akra. Ce fut, je crois, en 1857.

Le Chabet est certainement le site le plus grandiose de l'Algérie entière. Il rappelle assez bien, mais en très grand, les gorges de l'Allier entre Langogne et Monistrol, sur la ligne de Nimes à Paris.

Ce passage n'a pourtant rien de sinistre. Pendant que nous admirons les pigeons blancs, les rochers gris, les effets de soleil, le torrent rapide, deux jeunes et aimables compagnons de voyage causent, rient, cueillent les rares fleurettes que les graines tombées des voitures de roulage ont fait germer sur les bords du parapet. Le cocher siffle, chante, fouette ses chevaux pour arriver avec nous à Kerrata. Ce brave homme est certainement blasé sur la figure du Babor, comme sur celle de Takin-touch ; quant aux deux jouvenceaux ils seraient fort embarrassés de nous parler du « défilé de l'agonie. »

*
* *

On déjeune passablement à *Kerrata.* Mais il paraît que

tous les jours on sert aux voyageurs un coq au riz ou rôti. Celui qu'on nous présente est dur, très dur, coriace même. L'un des convives pense et dit tout haut : « que le défunt a dû remonter l'Agrioun avec la première colonne française. » Les voyageurs rient; l'hôtelier, aussi. Et le vieux pèlerin passe rapidement par des gorges plus sombres, plus dévorantes que celles du Chabet.

Le chemin est triste de Kerrata à Sétif. Point d'arbres. La terre, nue partout, est d'un gris-jaune sale. Elle doit se déliter terriblement sous la pluie. Partout on voit des cultures arabes; par ci, par là, des fermes européennes bien outillées.

De pauvres vieilles moukères ramassent des chardons, dont les feuilles d'un bleu d'acier neuf tranchent crûment sur la couleur du sol. La feuille tendre, la tige jeune encore, la racine ensuite, tout se mange, tout se mêle au couscouss. C'est l'asperge, l'artichaut, le navet de l'Arabe; c'est sa plante providence, comme le sont ailleurs, pour d'autres, le ravenale et le riz.

Takitoun a des eaux minérales renommées, dignes de leur réputation. Mais il n'y a pas de route pour les transporter au loin à bon marché. C'est dommage, car elles sont réellement agréables et hygiéniques.

Nous traversons les villages prospères d'El-Ouricia, de Fermatou, etc., fondés par la Compagnie Génevoise. Les terres sont bien fumées, bien cultivées; on se croirait dans la Beauce. Curieux contraste! les blés commencent seulement à poindre ici, et déjà la moisson est terminée à Biskra, tandis que le printemps s'achève sur le littoral. Les bords du Bou-Selam (père de l'Échelle) sont ombragés d'épais rideaux de peupliers d'Italie, très verts, très vigoureux. Il doit y avoir du fretin en quantité dans les eaux brunes et abondantes du ruisseau.

Un coucher de soleil splendide illumine notre entrée à Sétif. Les petits nuages qui masquent le disque solaire, prennent les teintes les plus variées, les plus étranges, les plus subites. On dirait des bouquets incandescents et irradiants. Il y a là des chatoiements de couleurs incroyables. Notre cocher nous apprend que depuis six semaines ce phénomène curieux s'est produit bien des fois, et il ajoute : « que cela doit annoncer de grands événements. »

En une heure on a vu Sétif. Les rues sont tirées au cordeau ; les places sont larges. La population est vigoureuse. On sent que le climat est sain, fortifiant à cette altitude de 1,100 mètres.

Le musée d'antiquités romaines, en plein air, est intéressant, bien ombragé d'arbres. Pourtant là, comme à Constantine, à Lambessa, à Cherchell, à Philippeville, à Carthage, à Souk-Ahras, cette exhibition sent un peu le cimetière.

Le quartier militaire, le parc à fourrages sont très vastes, très bien construits. Sétif a de l'avenir. C'est depuis longtemps un des plus grands marchés indigènes de l'intérieur. Les grains, des chevaux très renommés, le bétail des plaines voisines sont, et seront toujours, l'appoint capital de ce commerce.

Une gelée blanche de premier ordre et un froid très vif nous forcent à souffler dans nos doigts, à battre, à 5 heures 1/2 du matin, la semelle à la gare de Sétif, trois jours juste avant Pâques, c'est-à-dire le 21 avril (1).

Les villages de Saint-Arnaud, de Paladines, de Saint-Donnat, de Châteaudun paraissent plus neufs que pros-

----

(1) Sétif a 6,000 habitants, 12,026 avec sa banlieue. Les Européens comptent pour la moitié dans le total. La température moyenne de l'année est de 13°5 ; la neige tombe quelquefois abondamment en hiver ; la quantité de pluie relevée au pluviomètre s'élève à 442 millimètres. Peu de villes en Algérie ont un climat moins chaud et moins pluvieux. Alger supporte 18°1, et reçoit 736 millimètres ; Bougie, 18°1, et 1,039 millimètres ; Philippeville, 16°5, et 807 millimètres ; Guelma, 17°2, et 640 millimètres, etc., etc.

(*Bulletin de la Société des sciences physiques, etc., de l'Algérie.*)

pères. Sauf autour des maisons, et alors ce sont des plantations nouvelles, il n'y a pas un arbre à l'horizon. Il faut faire exception pour « *le chiffonnier de Sétif,* » fétiche sacré, à l'ombre duquel quelque saint marabout s'est jadis reposé. En souvenir de cet événement, les Arabes y accrochent en *ex-voto* leurs loques les plus sales. Nos soldats, peu respectueux pour de si nobles reliques, ont baptisé cet arbre unique d'un surnom trivial mais pittoresque. Il y a cinq ou six autres chiffonniers de cette très honorable famille dans la plaine d'El-Outaïa (l'immense), entre El-Kantara et Biskra.

La rosée blanche du matin se résout peu à peu en un brouillard qui rampe sur le sol et donne, dans les bas-fonds, l'illusion d'une Sebka. Mais nous n'apercevons ni grèbes au riche plumage, ni flamants aux pattes et au bec roses comme ceux des rives ou des îles du Mzouri.

La moutarde sauvage, vulgairement appelée séné, couvre de ses feuilles ternes et de ses fleurs pâles, de vastes espaces. Le pays est triste. Il nourrit cependant de grands troupeaux et produit beaucoup de céréales. Une partie des richesses ambulantes de l'agha Sarhaoui errent sur ces plateaux.

*
* *

Alger, Oran, Bel-Abbès, Mostaganem, Blida, Philippeville, Bône, etc., sont des villes européennes. *Constantine* est encore, d'aspect au moins, une ville indigène.

Pour le touriste, Constantine, ce sont les effrayantes gorges qui commencent à Sidi-Rached; ce sont les quatre arches naturelles, phénomène rarissime dans la géographie de la terre entière, qui unissent, par des voûtes ogivales, les lèvres du précipice; ce sont les chutes du Rummel tombant en trois sauts de 20, 25 et 30 mètres. Dans les grandes eaux, la cataracte se réduit à un seul arc de 75 mètres de haut.

Constantine, c'est la cité aérienne juchée sur un

rocher qui lui valut son nom ancien et très juste de Cirtha (rocher, en numide) : rocher trapézoïdal dont les quatre angles sont exactement orientés aux quatre points cardinaux. C'était aussi la forteresse, jadis imprenable, d'où les habitants voyaient et voient encore, tournoyer au-dessous d'eux, les vautours sales et les corbeaux voraces. « Ailleurs, disait-on, les oiseaux fientent sur les hommes ; ici, les hommes..... » le leur rendent avec usure. Aujourd'hui la fière cité est accessible aisément soit par le pont d'El-Kantara, près de la gare, soit par le large boulevard ou plutôt l'esplanade de la *Brèche* qu'on ne peut visiter sans émotion, car c'est par là qu'eut lieu le victorieux et terrible assaut de 1837. La prise de Constantine dompta toute la province. Cela dit assez l'importance stratégique de cette ville.

Constantine est encore un grenier ; il serait plus juste de dire un *silo,* car ses immenses citernes, ses caves si fraîches conservaient jadis les céréales de toute la province. C'était, jusqu'en ces derniers temps, le marché aux blés le plus important de l'Algérie.

Constantine, c'est aussi la kasbah avec son musée incrusté dans les murs de la citadelle. C'est, enfin, l'original palais du bey avec son jardin intérieur, ses fresques grossières, primitives, beaucoup trop vantées (1).

---

(1) De Constantine on peut aisément rayonner dans tous les environs. Dans notre premier voyage nous sommes descendus à *Philippeville* (18,329 hab.), port de Constantine, de Batna et de toute la vallée, de l'oued El-Kebir. Le mouvement commercial y est très actif ; entrées en 1884 : 94,172 tonnes réelles de marchandises sur 1,186 navires ou caboteurs ; sorties : 98,566 tonnes réelles sur 970 bateaux, petits ou grands. Le mouvement général a donc été de 192,738 tonnes effectives portées par 2,156 bateaux. L'année 1883 n'avait donné que 81,729 tonnes à l'entrée et 63,633 à la sortie ou 145,362 tonnes en tout, d'une valeur de 86,000,000 de francs. — On n'a point vu Philippeville, si l'on n'est allé à Stora par le splendide chemin de la Corniche, ni si l'on n'a pas visité la belle propriété de M. Landon, à 3 kilom. à l'Est, juste à l'embouchure du Safsaf. L'entrée en est libéralement ouverte à tous les visiteurs. Le jardin renferme des plantes plus rares que celles du Hamma d'Alger. 3 beaux

Sidi-Mecid, délicieux recoin dans un pli de la montagne, à 150 mètres de la chute du Rummel, est la plus gracieuse merveille des environs de Constantine. La naïade aux yeux verts y pleure assez abondamment pour remplir, sans fin ni trève, un grand bassin et 5 ou 6 petites baignoires naturelles à parois d'un gris rougeâtre, ombragés d'eucalyptus, de figuiers, et tapissés d'adiantes. C'est la grâce souriante à côté du sombre, du formidable : le contraste est saisissant.

De Sidi-Mecid on peut remonter, par un sentier rapide, à Mansoura, où le génie militaire a créé, à force de persévérance, une très belle forêt de pins et d'épicéas. Elle s'étend tous les jours. Il a fallu souvent à dos de mulet ou avec des bourricots, aller chercher au Rummel l'eau nécessaire à l'arrosage des jeunes plants.

A 6 kilomètres 1/2 à l'est de Constantine se dresse le djebel *Ouach* (1,292 mètres), nœud hydrographique im-

---

lions y sont élevés en cage grillée. Le lionceau est né là ; le père et la mère ont été pris tout petits au delà du Safsaf. Leur nourrice, une femme marocaine, va, vient, au milieu d'eux sans crainte et sans danger.

Nous sommes allés aussi à la même époque jusqu'à Biskra. Le lac Mzouri avec ses flamants roses, le Medracen à gauche de la voie ferrée, Batna et sa végétation tout européenne, Lambessa avec son énorme pénitencier, son village européen, ses eaux abondantes, ses moulins, puis ses ruines et son site remarquables, El-Kantara avec son étrange trouée, Aïn-Razclan avec ses eaux fraîches, El-Outaïa avec son ruisseau poissonneux et sa plaine aux mirages fréquents, sont les principales étapes de la route. — Il faut grimper à pied au col de Sfa où passe la route. On y est à 5 heures du soir. La vue sur le désert est magique, mais affreusement triste. Des bandes noires raient son manteau fauve: ce sont des oasis qui s'allongent vers l'horizon lointain. Biskra vaut un voyage à lui seul. Le voyageur fatigué reprendra toute sa vigueur par une seule ablution aux bains d'*Aïn-Salahin*, à 9 kilom. à l'ouest de la ville. Les puissantes sources qui jaillissent là, dans un horrible désert, donneraient ailleurs naissance à un grand fleuve : elles sont bues par le sable, 2 kilom. après leur sortie. 500,000 fr. suffiraient pour les amener à Biskra qui deviendrait alors une station hivernale et thermale de premier ordre pour les phtisiques.

portant, d'où descendent une partie des eaux du Smen-
dou, de l'oued Zenati et du Bou-Merzoug. Sur ce dernier
versant, trois grands réservoirs retiennent des eaux qui
alimentent une partie de la ville. Ils sont entourés d'arbres superbes ; cet embryon de forèt pourrait être cent
fois plus étendu, vu l'abondance des eaux, et l'immen-
sité nue du versant. 3,000 plants attendent, mais il n'y a
pas d'argent pour les transplanter. L'an prochain les
semis seront perdus.

La campagne de Constantine est austère. Les agricul-
teurs indigènes et européens ont l'aspect de rudes travailleurs, point tendres du tout. Le climat du plateau
Constantinois ne connaît pas les morbidesses de celui
d'Alger ; rigoureux y sont parfois les hivers, aussi
toutes les chambres ont-elles des cheminées ; et toujours en été les nuits sont assez fraîches pour qu'on pût
reposer et sommeiller à l'aise : conditions excellentes
pour l'installation en grand nombre des colons français
du Nord, de l'Est, des Alpes ou de nos régions montagneuses du centre (1).

*
* *

Le *Kroubs* (Koroub, les ruines), carrefour, point de
rencontre de quatre longs couloirs, venant des quatre
directions cardinales, est un des nœuds orageux de
l'Algérie. Le tonnerre y gronde et la foudre y frappe
bien souvent. C'est la gare d'embranchement de la ligne
Kroub-Guelma-Bône. La voie descend la vallée de l'oued
Zenati, pays triste et fiévreux.

Au village d'*Aïn-Abid*, qui vient d'être érigé en commune de plein exercice (1885), il y a cinq centimètres de
neige dans les champs, et il fait un froid de loup. Les
arbres et la forèt reparaissent enfin au delà du petit

---

(1) La population de Constantine s'élevait, en 1881, à 42,721 habitants, dont 24,820 Européens et Juifs.

bourg de l'oued Zenati. On en éprouve un véritable soulagement; car de Bordj-bou-Arreridj à l'oued Zenati le pays est si nu, que l'on finit par être tout obsédé, tout attristé de cette nudité si monotone.

La ligne ferrée suit de trop près la rivière. Dans les grandes crues elle est menacée, quelquefois coupée ou emportée (février 1886). On voit aux blocs qui parsèment le lit de l'oued, qu'à certain jour d'orage ou de fonte de neige le torrent a des colères sauvages.

Deux coudes très brusques jettent l'oued Zenati du Sud au Nord d'abord, puis de l'Ouest à l'Est vers Hammam-Meskoutine, Guelma et Duvivier.

*
* *

Hammam-Meskoutine, les bains des Maudits, est une des merveilles de l'Algérie. A l'horizon sud, la Mahouna apparaît couverte d'une neige éblouissante. Or, nous avons sous les yeux une végétation presque tropicale. C'est que l'on est ici en serre chaude; les oliviers et les autres végétaux prennent des proportions considérables.

Une multitude d'orifices en entonnoirs forment cinq groupes principaux, versant à la minute 100,000 litres d'eau presque bouillante (95°), plus qu'aucune autre source thermale connue. Cent cônes d'éjection de 3 à 5 mètres d'élévation marquent la place des anciennes sources, recouvertes aujourd'hui par ces dépôts pétrifiés. On dirait une procession de fantômes géants en burnous blancs, ou gris-jaunâtres. Les sources pétrifiantes de Saint-Alyre, à Clermont, ne sont que des naines auprès de celles-ci. Des couches de dépôts calcaires, de longues et épaisses murailles marquent aussi la direction des eaux après leur sortie des sources ou des lacs souterrains. Le niveau de la nappe aquifère a fortement baissé ; en beaucoup d'endroits le sol caverneux résonne sous les pieds du passant. Des colonnes de vapeurs d'un

blanc bleuâtre montent tout droit comme des fusées,
ou s'élèvent doucement en spirales, ou se dispersent au
vent.

A Hammam-Meskoutine, le vent souffle souvent avec
violence. Le voisinage du djebel Taya et du djebel Mahouna, puis l'étroitesse du couloir de l'oued Zenati suffiraient à nous expliquer ce phénomène naturel.

Pour des Arabes, la chose est moins simple. Le démon
a passé par ici. Les cônes étranges qui couvrent le sol
d'un bataillon de géants, la haute température des eaux
sont des œuvres diaboliques.

« Un Arabe riche et puissant, nommé Ali, avait une
» sœur, Ourida, belle comme les houris du paradis de
» Mahomet. Ali résolut de l'épouser malgré l'interdic-
» tion formelle de la loi musulmane, malgré les remon-
» trances et les supplications des anciens de la tribu,
» dont il fit rouler la tête devant sa tente. Alors com-
» mencèrent les fantasias, les danses et les festins; puis
» comme le couple maudit allait se retirer, la colère
» céleste bouleversa les éléments ; la flamme du démon
» sortit de la terre ; le sol trembla et les effroyables rou-
» lements de la foudre mêlèrent leur voix terrible aux
» sourds mugissements des eaux lancées loin de leur
» lit. Quand le calme se fut rétabli, fiancés, gens de loi,
» danseurs et danseuses, musiciens, esclaves, tout était
» pétrifié. Les cônes représentent les acteurs de cet épou-
»-vantable drame. Si sur certains points le sol résonne
» sous le poids des chevaux, c'est la musique infernale
» de la noce ; la fumée est celle des feux du festin ; les
» petits cailloux blancs qui sortent de la cascade sont
» les grains de kouskous du repas de la noce. — Et quand
» la nuit vient, il faut fuir cet endroit maudit : chaque
» pierre reprend sa forme, la noce recommence, les dan-
» ses continuent, et malheur à celui qui se laisserait
» entraîner ! Quand le jour reviendrait, il augmenterait
» le nombre des cônes. »

Voilà certainement une légende très poétique, mais fort peu scientifique.

En voici une autre qui dira pourquoi les eaux sont si chaudes :

« Salomon ayant créé, de son vivant, des bains pour
» toute la terre, en avait confié la garde à des génies
» sourds, muets et aveugles, afin qu'ils ne pussent ni
» voir, ni entendre, ni raconter ce qui s'y passerait. Mais
» depuis 2,000 ans personne n'a pu faire comprendre à
» ces génies que Salomon est mort; et, fidèles à l'ordre
» qu'ils ont reçu, ils continuent et continueront proba-
» blement à chauffer les bains jusqu'à la fin des siè-
» cles. »

*
* *

« Vous allez entrer dans la Normandie algérienne, » nous dit un colon qui fait route avec nous depuis Constantine. En effet, à partir de Guelma le pays est littéralement enchanteur. En dehors de la Mitidja, il n'y a pas d'aussi belle ni d'aussi riche région en Algérie. *Guelma* vaut presque Blida.

On dit qu'il faut de l'eau, du bois et des bras pour créer une colonie prospère. Or, dans toute la vallée de la Seybouse, sur toute la haute Medjerda les forêts sont magnifiques, l'eau sourd et coule de tous les côtés.

Bône est, de toutes les cités algériennes, la plus européenne. Bône a un port aussi grand que celui d'Alger et les navires y chargent à quai; son commerce en grains, liège, minerai, vin est énorme. La ville est presque neuve. Elle a un magnifique sanatoire dans l'Edough. Un avenir immense s'ouvre devant elle. Elle retrouvera la grandeur de l'ancienne Hippone dont les ruines gisent au sud sur une colline admirable, entourée par une forêt d'oliviers superbes et surmontée d'un ridicule monument élevé à son ancien évêque, le célèbre Saint-Augustin (1).

L'esprit des Bônois est entreprenant, audacieux. Il manque à Bône le vent du Nord qu'arrêtent l'Edough et aussi la colline de la Kasbah. Ce vent rafraîchirait la ville, il en chasserait les insupportables moustiques.

Il faudrait encore, à cette ville, une plaine moins boueuse en temps de pluie, moins poussiéreuse en été; mais on ne peut souhaiter terre plus fertile : c'est un jardin. Sur la ligne de Bône à Tunis, entre Randon et Saint-Joseph, nous traversons une pièce de vigne peut-être unique en Algérie : elle a 1,500 hectares d'un seul tenant; c'est un beau morceau. Les pousses ont déjà de 40 à 50 centimètres de hauteur; elles sont d'un vert

---

(1) Population de Bône en 1881 : 28,536 hab.; elle avait un instant diminué par une assez forte émigration en Tunisie; elle s'est depuis relevée rapidement. — Le port de Bône a une superfice de 80 hectares environ; les navires accostent à quai. Voici le tonnage effectif des marchandises pour les années 1883 et 1884 :

		1883	1884
Nombre des navires	entrés.....	1,704	1,102
	sortis.....	1,707	1,077
Tonnage des marchandises.	reçues....	78,505	101,347
	expédiées .	290,634	234,099
		369,139	335,446 tonnes.

L'énorme différence entre l'exportation et l'importation est due aux minerais d'Aïn-Mokra. La compagnie du Mokta-el-Haddid a employé en

1883 : 741 ouvriers, extrait 199,718 tonnes, valant 1,537,433 fr.
1884 : 720   —   —   187,247   —   —   1,302,062 fr.

Le commerce de Bône atteint à peu près 70,000,000 de francs. — Nous n'avons pas tenu compte du tonnage de jauge qui ne donne jamais une idée exacte de l'importance des échanges. Ainsi pour 1884 il a été, à l'*entrée*, à Alger, de 685,838 tonnes ; à Philippeville, de 582,213 ; à Bône, de 476,754. On a alors la capacité des navires, non le poids des marchandises entrées ou sorties.

tendre presque appétissant. On dirait un champ de lin flamand. J'y retrouve comme une échappée lointaine des bords de la Lys.

De *Duvivier* à Souk-Ahras, la montée est superbe. C'est un vrai tour de force des ingénieurs que d'avoir fait gravir, par des rampes et des lacets étonnants, les 600 mètres d'altitude qui séparent ces deux points. C'est une des plus belles œuvres d'art de l'Algérie.

A chacun des coudes de la voie, particulièrement au-dessus de *la Verdure,* et près d'*Aïn-Seynour,* le panorama est grandiose. Le fond, au Nord, est formé par la masse noire de l'Edough qui paraît d'une hauteur étonnante ; à l'Est, les monts des Beni-Salah sont admirablement boisés, et comme le genèt épineux est en fleurs — de belles fleurs jaunes — on dirait d'un fleuve d'or épandu sur les flancs de la montagne. Les chênes-verts, les chênes-lièges forment des massifs bien garnis ; malheureusement la moitié de la forêt est par terre, écrasée par l'âge ou les orages. Ce bois mort n'est jamais enlevé ; on peut en aller chercher tant que l'on veut, toute l'année, pour 15 fr. seulement.

Cette forêt perdue est, à mon avis, la principale cause de la violence des incendies qui, en août 1885, ont ravagé effroyablement ce beau massif forestier.

L'eau susurre, ruisselle, coule, cascade partout, plus qu'en Kabylie même.

A Aïn-Seynour on peut encore fréquemment, le soir, entendre *Saïd* faire résonner au loin l'écho de la forêt et les gorges de la montagne. Ses rugissements ne font plus trembler les habitants que pour leurs troupeaux.

Qui voudrait choisir un beau site, et planter ses pénates en dehors d'Alger ou de sa banlieue, pourrait aller s'installer aux environs d'Aïn-Seynour, au point juste où la ligne ferrée franchit le bief de partage entre l'oued Melah, affluent de la Seybouse, et le ruisseau de Souk-Ahras qui va à la Medjerda.

Il y a là de quoi charmer un enthousiaste de la nature,

de quoi le faire rêver même, sans l'endormir, ni le fatiguer jamais.

*
* *

Souk-Ahras renouvelle sur la frontière tunisienne la merveilleuse éclosion de Bel-Abbès. Cette petite cité de 4,000 habitants a vu doubler sa population en deux ans. Elle vient, en quelques mois, de bâtir deux marchés couverts qui ne seraient point déplacés à Bône ou à Alger. Il y a, dans toute la région, une vraie fièvre de défrichements et de plantation de la vigne. Un vieux Franc-Comtois, fixé là comme colon depuis 40 ans, me dit avoir vu souvent l'hyène venir à sa porte pendant qu'il prenait ses repas ; souvent aussi Saïd observait ses allées et venues, de la crête des rochers d'alentour, ou même de l'autre bord du ravin.

Les doigts de ses deux mains, ajoute-t-il, ont suffi longtemps à nombrer les maisons voisines du bordj, embryon de la ville naissante. Puis on s'est mis à planter des arbres fruitiers : pommiers, poiriers, cerisiers, noyers, abricotiers dans les jardins du petit vallon qui borne la ville à l'Est. Puis la vigne s'est emparée peu à peu du sol.

Le chemin de fer a fait le reste ; la fortune du pays est maintenant assurée.

Le vin de Souk-Ahras est exquis, mais il coûte assez cher. A l'hôtel il se vend un franc la bouteille. Le commerce le prend couramment chez le propriétaire à 50 et 60 centimes le litre, en gros, et pour l'exportation. Il est friand au palais. On lui trouve un goût léger, très agréable, qui le rapproche de nos bourgognes. Mon vieux cicérone me montre un mamelon défriché, d'une centaine d'hectares de superficie. Un jeune capitaliste parisien, fixé à Souk-Ahras, s'en est rendu acquéreur et l'a tout fait planter en vignes : « Quand la première bouteille » entrera dans son chai, me dit le brave homme, l'hec-

» tare lui coûtera bien près de 3,000 fr.; ce qui ne l'em-
» pêchera pas de faire de beaux bénéfices. (1) »

La population de la ville se porte à ravir ; sans l'ex-
trême salubrité de Souk-Ahras, l'agglomération étrange
des ouvriers travaillant au chemin de fer de Ghardimaou,
et pour la plupart terrassiers calabrais ou piémontais
malpropres et mal nourris, eût, il y a deux ans, amené
la peste.

Mon compagnon de voyage et moi passons le diman-
che de Pâques à Souk-Ahras afin de nous reposer un
peu. Les colons des environs sont venus en foule faire
un tour en ville pour tuer le temps ou régler quelques
affaires. Ce sont de solides hommes : blouses bleues,
chapeaux gris mous à larges bords, gros parapluies sous
le bras. Ils sont, pour la plupart Francs-Comtois, Juras-
siens ou Dauphinois. Nous avons plaisir à leur serrer
la main ; les jeunes gens, filles ou garçons, ont une car-
nation superbe. Les anémiques et les phtisiques sont
inconnus par ici.

---

(1) Les colons comprennent très bien que la culture de la vigne
est, de toutes, la plus rémunératrice ; aussi ils étendent rapidement
leurs vignobles. L'administration favorise ce mouvement en distri-
buant de nombreux plants de vigne aux concessionnaires. En 1883,
1,646,000 pieds ont été distribués ainsi rien que dans la province de
Constantine. Le tableau suivant montre l état actuel du vignoble
algérien.

	1882	1883	1884
Planteurs..........	»	29.920	32 804
Hectares plantés....	39.768	45.629	55.706
Hectolitres récoltés..	681.335	821 584	890.899

On peut affirmer que le mouvement s'est encore accéléré en 1885.
En effet, la seule province d'Alger a vu passer, du 31 décembre 1884
au 31 décembre 1885, son vignoble de 16,797 hectares à 24,617, don-
nant une récolte de 397,183 hectolitres qui, sans l'altise et la grêle,
eût été de 600,000. « Si nos capitalistes, ou nos vignerons, savaient
» ce que peut rapporter la vigne en Algérie, me disait M. Faizant,
» grand propriétaire à Koléa, ils viendraient en foule dans ce pays. »
La province de Constantine a exporté 4,602 hectolitres en 1882,
24,513 en 1883.

Le parapluie est un meuble absolument nécessaire à Souk-Ahras et dans toute la région ; car le tonnerre, la grêle, la pluie y font terriblement des leurs. Il y a là encore un centre orageux.

On se demande, en voyant ces eaux abondantes, ce climat salubre, ces belles forêts, ces terres fertiles en tout, pourquoi il n'y a pas depuis dix ans, depuis vingt ans déjà, 4 ou 500,000 colons dans le grand quadrilatère dont les sommets sont marqués par Souk-Ahras, Tébessa à l'Est; par Lambessa, Aïn-Beïda ou Constantine à l'Ouest? Là était le siège bien choisi de la puissance romaine; là, le lieu de cantonnement de la troisième légion auguste. Lambessa avait 30 à 40,000 habitants (1). Tébessa et Thagaste étaient aussi puissantes.

L'Aurès (2,328 mètres) défend admirablement ces hauts plateaux contre l'action desséchante et énervante des vents secs du pays des sables.

La vallée de la Medjerda, de Souk-Ahras à Ghardimaou, est très pittoresque. La voie ferrée vient d'être ouverte. On voit, tantôt à droite, tantôt à gauche du chemin de fer, la piste de l'ancienne route; ce n'est plus qu'un chemin de muletiers ou de piétons. Quinze ou vingt fois au moins il traverse à gué la rivière aux endroits les moins profonds ou les moins rapides. La Medjerda a des berges assez hautes, herbues, plantées d'arbres d'essences variées : érables, frênes, oliviers, etc. Les eaux sont brunes, mais limpides. Des méandres nombreux, quelques-uns charmants, rappellent nos moyennes rivières du plateau central.

---

(1) Nous émettrons l'humble avis que les députés, sénateurs, etc., des colonies devraient être en France les commis-voyageurs conférenciers de la colonisation ; et que dans chacune de nos villes algériennes, il devrait y avoir un Comité local pour recevoir les demandes de renseignements ou d'emplois des métropolitains, pour les installer, les aider à leur arrivée. On faciliterait ainsi l'émigration et l'on éviterait aux émigrants bien des déboires. Manquerions-nous d'initiative?

Le train va lentement; on craint des éboulements, par suite d'un violent orage, qui, la veille, a suivi la gorge dans toute sa longueur. Nous avons donc tout le loisir d'admirer les hautes montagnes boisées qui encaissent si fortement le val de la rivière. Quelques sites sur la droite sont vraiment très beaux, particulièrement le confluent de l'oued El-Kranem qui vient du bordj de Sidi-Merouan.

La station de *Sidi-Bader* est bien coquette. Un contrôleur des contributions diverses monte là dans notre compartiment. Il vient de recenser les troupeaux des Hanenchas. Il a trouvé près de 80,000 têtes de gros bétail dans les hauts et riches pâturages de la tribu. Il nous affirme que la moitié au moins des bêtes ont échappé, comme toujours d'ailleurs, au recensement. Son arrivée a été annoncée rapidement de douar en douar, et le bétail a filé sous bois, où il est impossible et fort dangereux de l'aller chercher (1).

Les Kabyles de ces régions sont très tranquilles; ils pensent peu à renouveler les révoltes de 1871 et de 1879. « Nous sommes aussi braves que vous, disent-ils ; mais » vous avez des fusils terribles ; vos télégraphes vous » avertissent en une seconde ; et deux heures après, vos » soldats sont là, amenés par vos chemins de fer. Puis » vous savez percer des tunnels et trouer la terre. » Il paraît que ce dernier fait surtout les a absolument déconcertés. Allah est pour nous.

*
* *

Que la Tunisie est triste entre Ghardimaou et Tébourba ! Plus de montagnes abruptes ou boisées ; rien que

---

(1) C'est l'impôt *zekkat* perçu par tête sur le bétail : chameaux, bœufs, moutons, chèvres. Le nombre des bêtes recensées en 1884 dans la province de Constantine monte à 5,952,348. C'est à peu près la moitié des troupeaux algériens (12,413,000). — Somme produite par l'impôt zekkat à Constantine : 2,258,664 francs.

des croupes arrondies, dénudées. Pas un arbre, pas une blanche kouba pour reposer la vue en coupant la monotonie du paysage ! La plaine est d'une fertilité rare partout ; les moissons sont admirables, surtout dans l'immense vallée de Souk-el-Arba (1).

Ghardimaou et *Souk-el-Arba* rappellent les villes naissantes du Far-West américain. En dehors du bordj, occupé par une petite garnison, il y a *deux* maisons en pierres à Ghardimaou ; on en compte *quatre* ou *cinq* à Souk-el-Arba, bourgade destinée à devenir très importante soit par la richesse de sa campagne, soit par sa position intermédiaire entre Tabarca et le Kef. C'est déjà d'ailleurs un marché considérable. Le reste des habitations est en planches de toutes largeurs, de toutes longueurs, de tous âges, de tous bois, de toutes couleurs. Les pavés de ces étranges habitations sont en planches ; les rues, quand il y en a (car à Souk-el-Arba où la pluie a détrempé fortement le sol nous enfonçons partout jusque mi-jambes), sont en planches. Les toits sont bien originaux aussi. On a éployé des caisses à pétrole vides, des boîtes à sardines, des pièces de zinc ou de fer-blanc invraisemblables, et voilà des tuiles, des ardoises, des terrasses toutes trouvées. Les boucheries, les boulangeries, les cuisines sont en plein air quand il fait beau ; à l'intérieur, quand il pleut. C'est original ; un peintre y trouverait des sujets tout nouveaux.

Et quelle population, bon Dieu ! très aimable, toute fièvreuse d'ardeur ; aussi mélangée, aussi étrange et bien plus bigarrée que les matériaux de ses maisons.

Les terrains ne se vendent point trop cher. Les douaniers du poste de Ghardimaou venaient d'acheter, pour 4,000 fr., 120 hectares de terres de très bonne qualité et

---

(1) Depuis 1880 la Compagnie Bône-Guelma-Tunis a planté le long de sa voie 400,000 arbres, dont les trois quarts ont bien pris. Ce sont des eucalyptus (200,000), des pins d'Alep (80,000), des acacias (70,000) et des casuarinas (50,000).

facilement arrosables. L'un d'eux nous fait observer plaisamment que « ceux qui s'ennuieront du métier de gabelou pourront aller planter des choux et de la vigne. » C'est une manière très sensée assurément d'envisager les choses.

Au nord de la ligne, à 4 ou 5 kilomètres environ, on aperçoit les inépuisables carrières de marbre de *Chemtou*, exploitées depuis 2,500 ans peut-être pour les temples et les palais de Carthage, d'Utique et de Rome. Elles appartiennent aujourd'hui à une Société franco-belge. Le directeur nous donne de nombreux et intéressants renseignements sur toute la région avoisinante. Comme depuis deux ou trois ans, le marbre est peu demandé; que la bâtisse luxueuse s'arrête ou se ralentit en Europe, principalement à Bruxelles et à Paris, grands clients de la Compagnie, celle-ci s'est mise à planter de la vigne. C'est la première que nous voyons en Tunisie; elle est de belle venue. Un petit tronçon de chemin de fer relie, par-dessus le fleuve, les carrières à la grande ligne.

Ces carrières confinent à un ancien domaine impérial romain sur lequel travaillaient, dit-on, dix mille esclaves. Un capitaliste intelligent pourrait faire revivre aisément cet immense et très beau domaine occupant tout un vallon aux contours boisés; les forêts de la Kroumirie viennent jusque-là. Des ruines innombrables parsèment le sol. On y a relevé des inscriptions intéressantes. Des archéologues rôdent aux environs; ils ont un air mystérieux qui présage des trouvailles rares. Nous quittons Chemtou sous cette impression.

A *Souk-el-Kmis,* M. Géry, ancien entrepreneur de la voie, a commencé des plantations de vignes dans une propriété que longe le chemin de fer. La vigne est vigoureuse; le vin est bon. Des échantillons ont été envoyés partout en France : ce moyen de faire connaître ses produits nous paraît très habile et très sage. 75 hectares sont plantés ou déjà en rapport; on double, chaque année, la surface complantée.

On voit encore à l'*Oued-Zarga* les ruines de la gare incendiée par les Tunisiens au début de la guerre. Une petite pyramide porte les noms des sept victimes de cette tragédie.

Un seul homme échappa en se cachant dans le puits. Une cinquantaine de mètres d'une palissade en pieux, restés debout, indique l'emplacement du blokhaus élevé à la hâte par ces pauvres gens. Ce spectacle laisse un souvenir pénible.

A partir de *Tebourba,* on retrouve quelques oliviers vieux ou rabougris, quelques palmiers aussi. On quitte définitivement la vallée de la Medjerda. Le fleuve a dans toute la Tunisie des berges hautes, droites, terreuses, en tout semblables à celles du Chéliff aux environs d'Orléansville et de Duperré. L'eau est sale, d'un gris boueux ; c'est un flot épais qui roule, ce n'est plus une eau limpide qui coule ; on dirait un grand serpent ondulant entre les lauriers-roses.

Nous sommes à Tunis.

*   *
*

Tunis, c'est l'Orient ! Sauf Kairouan peut-être, nulle ville de notre empire nord africain n'a un cachet plus oriental : Paysage écrasé par un soleil de plomb, mer plate et lumineuse, sol poudreux, ciel embrasé sur lequel se détachent quelques maigres oliviers ou quelques palmiers penchés sous leurs longs cheveux ! Si le vent souffle en avril et secoue le beau panache de fleurs mâles qui surmonte l'arbre comme une jolie aigrette, les Arabes sont dans la joie ; car la fécondation des fleurs femelles se fait dans les meilleures conditions et les plus naturelles : la récolte de dattes sera abondante. Si le temps reste calme, il leur faudra grimper plusieurs fois au sommet du palmier, ascension assez dangereuse, pour secouer les fleurs mâles et faire tomber le pollen sur les fleurs femelles qui donnent naissance au régime.

Bien orientaux encore l'architecture et les décors des maisons moresques dont quelques-unes sont très originales ! Orientaux les costumes riches, multicolores chez les hommes aisés, étranges, voyants, indécents pour les dames ; la démarche lente des uns et des autres, la lourdeur et l'ampleur des formes chez tous ! L'embonpoint est regardé comme le signe principal de la beauté féminine ; aussi les Tunisiennes indigènes, Juives ou Arabes, sont énormes. Les Européens les appellent plaisamment « des toupies. » Le trait est juste.

On a remarqué que la plupart des villes arabes ressemblaient à un burnous étendu. Alger est dans ce cas. Tunis, aussi ; au moins sans ses deux faubourgs, Bab-es-Souika, au nord, Bab-el-Djezira, au sud, qui lui donnent plutôt l'air d'une chauve-souris clouée sur un volet.

Mais là s'arrête la ressemblance entre les deux capitales. Car Alger a une mer bleue, un port immense et sûr, des collines toutes couvertes d'arbres et de fleurs, une banlieue merveilleuse ; tandis que Tunis n'a qu'un lac infect, point de port, peu d'arbres, une campagne triste.

La Kasbah, capuchon du burnous, est appuyée sur de petites collines, au penchant desquelles la ville s'étale doucement vers le lac *El-Bahira*. La terre ferme gagne tous les jours aux dépens de cette lagune, tant celle-ci est peu profonde, tant il y arrive d'ordures, tant on y apporte de décombres ou de déblais. Entre la ville arabe et la Bahira s'est établi le quartier européen dont la principale artère est la rue de la Marine. De grandes, de belles voies ont été tracées de la gare à la marine ou à la ville indigène. Les rues nouvelles se bordent rapidement de ces gros cubes gris et laids de maçonnerie dont nous faisons nos demeures. Ne serait-il pas mille fois préférable d'imiter les modèles si gracieux, si bien appropriés aux nécessités du climat qu'offrent des centaines de jolies maisons moresques ?

Les souks tunisiens sont extrêmement originaux. Toutes les industries, tous les commerces y sont réunis. On y travaille les soieries, les laines, le crin, le cuir. On y prépare des essences renommées. Les fez de Tunis, les chachias teintes à Zaghouan, les burnous blancs, les djebbas, gandouras en soie, ont une grande et légitime réputation.

Bijoutiers, parfumeurs, tisserands, cordonniers, selliers, etc., etc., ont leurs échoppes ou leurs boutiques dans des souks distincts.

Les rues qui bordent les souks sont abritées du soleil et de la pluie par des toits en planches mal jointes ou en troncs de jeunes palmiers. En quelques endroits la rue est pavée; en d'autres, il n'y a qu'une terre battue; en d'autres, un plancher est jeté sur quelque égout; il fléchit sous le poids du corps; on entend des clapotements inquiétants pour la couleur et la propreté du pantalon. Une odeur fétide vous fait fuir au plus vite. Votre lorgnon n'est plus utile que comme pince-nez. En beaucoup de ruelles les égouts sont à ciel ouvert. Les Arabes, peu exigeants en fait de propreté, s'aident ici à enjamber les cloaques. Ces émanations, « qui fleurent plus fort, mais moins bon que baume, » seraient, d'après les Tunisiens, la cause de la salubrité de leur cité. Pour nous, c'est le vent du Nord qui sauve celle-ci d'une peste permanente. La municipalité et la voirie françaises connaissent le danger; elles font des efforts inouïs, très méritoires, pour percer partout de larges avenues afin d'assainir les quartiers indigènes.

*
* *

Un touriste doit aller au *Bardo,* palais désormais célèbre par le traité qui porte son nom et qui nous a donné la Tunisie. Il s'élève à quelques kilomètres au nord-ouest de la ville; une bonne route y conduit.

Ce palais-forteresse tombe en ruines. Ses souks ne

sont plus fréquentés; les platras restent en monceaux aux lieux où s'étalaient naguère les marchandises des vendeurs. Les escaliers et les couloirs perdent leur placage de marbre blanc veiné de gris. Un bey n'habite jamais la demeure où est décédé son devancier : le mort lui porterait malheur. Les palais sont donc viagers, par conséquent toujours bâtis à la hâte. Aussi disparaissent-ils rapidement après la mort de leur auteur. Les Pharaons égyptiens, il y a 4,000 ans, agissaient de même pour leurs palais; leurs tombeaux seuls, « demeure éternelle, » étaient construits d'une façon indestructible.

Il y a au Bardo une *salle des pendules;* j'y en ai compté 23, et 17 dans la voisine. Toutes les salles, d'ailleurs, en ont des quantités. La pendule était une des manies du bey défunt; un horloger officiel spécial veillait à leur entretien. C'était presque un ministre.

On a donc mis des pendules partout. Cela vous donne une envie folle de tirer aussi votre montre de votre gousset, ou encore de fuir ces salles où le temps est marqué d'une façon si impitoyable.

Dans un immense salon se trouve un musée étrange par son manque de goût. A côté de tapisseries des Gobelins d'une réelle valeur, on voit des images d'Épinal et d'affreux chromos allemands.

Le palais voisin de Kasr-es-Saïd est bien supérieur au Bardo. D'abord il est habité; puis, il a de fort beaux jardins.

*
* *

Par le chemin de fer de Tunis à la *Goulette,* « dernière hypothèque de l'Italie sur la Tunisie, » on se rend à *Carthage* (la ville nouvelle).

Pendant six ou sept heures d'une marche acharnée, nous avons foulé les ruines d'une ville illustre, défendue jadis par une triple enceinte de 28 kilomètres, peuplée de 1,200,000 hommes, découvreuse et maîtresse d'une moitié de la Méditerranée, métropole du commerce ancien pendant quatre ou cinq siècles, seule rivale de Rome enfin. Nous avons salué avec respect les ruines du temple du bienfaisant Eschmoun, le guérisseur; nous avons souri devant celles de l'autel impur de Tanit; nous nous sommes éloignés avec horreur des soubassements du temple de Baal-moloch, le rôtisseur d'hommes et d'enfants. — *Sidi bou Saïd* nous a ravis; nous avons jeté de petites pierres dans les eaux et réveillé les échos des immenses citernes de la *Malga;* nous avons longuement admiré le musée punique, romain et chrétien, créé par le P. Delâtre.

Mais la maison d'Annibal nous a rendus tristes ; et en déjeunant sobrement de pain, de vin, d'œufs durs, de fromage emportés prudemment de Tunis, nous avons fait aux mânes de ce grand patriote des libations de vin avec des coupes rustiques, avec les coquilles mêmes des œufs qui nous servaient de verres à boire.

Une lumière éblouissante inondait le vaste golfe de Carthage digne de redevenir un des premiers ports du monde; elle dessinait au Sud, avec une netteté incroyable, les silhouettes aiguës et anguleuses du *Bou-Korneïn* et du *Zaghouan,* dressées dans un ciel d'un bleu tendre immaculé. Il m'en est resté dans les yeux une vision inoubliable, toute bleue, toute bleue !

* *

C'est à nous à effacer de l'histoire le mot féroce du vieux Caton : « Il faut détruire Carthage ! »

Si nous restons puissants dans le monde, Carthage, « la ville nouvelle, » renaîtra. « En 1881, dit E. Reclus, » il eût peut-être été possible par un coup hardi de déplacer la capitale, et de la reporter à Carthage..., les maisons modernes n'auraient eu qu'à s'appuyer sur les » substructions antiques. Par la salubrité, la beauté pittoresque, les facilités commerciales, la nouvelle Carthage eût été bien supérieure à Tunis; mais on n'a pas

» osé toucher aux droits établis, ni modifier la routine
» du trafic... » Les terrains, en effet, sont depuis longtemps aux mains de quelques grands spéculateurs.

En attendant que les propriétaires actuels cèdent
leurs droits à l'État ou à une Compagnie, on peut en
Afrique relever une autre Carthage, celle qui n'était
point dans les murailles de Byrsa ; celle qui avait cou-
vert de vignes, d'oliviers, de cultures savantes toute la
Tunisie. Deux millions de colons français pourraient
être aisément installés en un quart de siècle sur les plateaux admirables de la Kroumirie, de la province de
Constantine, ou des environs du Kef. Carthage n'aurait
plus alors à craindre Rome. Cela est l'office du gouvernement et des Sociétés de colonisation.

Mais en 25 ans aussi, avec l'impulsion actuelle (1), nous

---

(1) L'Alliance israélite, émule de l'Alliance française, entretient en
Tunisie quatre écoles avec une population totale de 1,500 élèves. Au
Maroc cinq écoles ont été fondées de 1862 à 1864 ; six autres vont
être établies, 1,154 élèves les fréquentent. Tout l'enseignement se
fait en français.

Sans vouloir entrer dans l'étude ni la discussion de la question
des écoles franco-arabes, nous pensons : 1° qu'il ne faut créer d'écoles
que dans les régions montagneuses à populations fixes, c'est-à-dire
chez les Kabyles, ou encore dans les villes ; 2° qu'il suffit d'un local
spacieux, propre ; les architectes européens n'ont rien à voir ici ;
sinon ils lanceront l'État dans des dépenses extravagantes ; 3° former
rapidement des maîtres indigènes : des Kabyles pour les Kabyles,
des Arabes pour les Arabes ; 4° prendre, autant que possible, pour
instituteur un homme bien connu dans la localité ; 5° joindre aux écoles
de petits ateliers manuels pour les métiers locaux ; 6° permettre au
taleb ou au chef religieux le plus voisin de venir une heure chaque
jour, en dehors des classes, expliquer le Coran ; les écoles fondées
jadis par l'administration sont tombées en partie par l'absence du
taleb ; 7° distribuer, assez fréquemment, aux élèves des vêtements
ou de petits dons en argent ou en nature ; 8° donner aux administra-
teurs des pouvoirs particuliers pour surveiller les écoles et assurer
leur fréquentation ; 9° enfin, rémunérer convenablement les institu-
teurs indigènes enseignant le français ; 10° il serait excellent aussi
de mettre à la portée des indigènes des livres de sciences physiques
et naturelles très élémentaires avec la double version arabe et française en regard, etc.....

pouvons apprendre le français à tous les Tunisiens, population douce, malléable, et à la moitié au moins des Algériens. 3,000 Indigènes suivaient les cours de nos écoles
françaises l'an dernier ; 10,000 les fréquentent aujour-
d'hui. « Par l'assimilation d'idées que donne l'étude en
» commun des mêmes sujets, et dans la même langue,
» dit encore M. Reclus, Tunis est déjà supérieure à sa
» rivale Alger, bien que celle-ci se trouve depuis un
» demi-siècle sous la domination française. »

C'est donc par les écoles franco-arabes que nous achè-
verons la conquête morale du pays.

Le Gouvernement, l'Université et l'Alliance française
l'ignorent moins que personne. Avis aux hommes de
bonne volonté (1).

---

(1) Extrait du *Bulletin de l'Association scientifique algérienne.*
Conférence faite en mars 1886, à la mairie d'Alger, au nom de
l'Alliance française.